Sitzungsberichte
der Akademie der Wissenschaften
der DDR
Mathematik – Naturwissenschaften – Technik

11 N

1983

Siegfried Dyck

Hydrologische Forschung für die Wasserbewirtschaftung

AKADEMIE-VERLAG · BERLIN

Sitzungsberichte
der Akademie der Wissenschaften
der DDR
Mathematik – Naturwissenschaften – Technik

Jahrgang 1983 · Nr. 11/N

Siegfried Dyck

Hydrologische Forschung und die wissenschaftlichen Grundlagen für die rationelle Bewirtschaftung der Wasserressourcen für die ökonomische und soziale Entwicklung

AKADEMIE-VERLAG · BERLIN
1984

Vortrag von Prof. Dr. Siegfried Dyck,
Technische Universität Dresden, Sektion Wasserwesen,
gehalten am 24. Februar 1983
vor der Klasse Geo- und Kosmoswissenschaften
der Akademie der Wissenschaften der DDR

Herausgegeben im Auftrage
des Präsidenten der Akademie
der Wissenschaften der DDR
von Vizepräsident Prof. Dr. Heinrich Scheel

ISSN 0138-3956
Erschienen im Akademie-Verlag, DDR-1086 Berlin, Leipziger Str. 3-4

Lizenznummer: 202 · 100/45/84
Printed in the German Democratic Republic
Gesamtherstellung: VEB Druckhaus Köthen
LSV 1465
Bestellnummer: 763 341 1 (2010/83/11/N)
00300

Inhalt

1. Das Wasserproblem – ein globales Problem der Menschheit

Zu den wichtigsten Problemen, denen die Menschheit heute gegenübersteht, gehören neben dem vorrangigsten, dem Grundproblem unserer Zeit – der *Erhaltung des Friedens* –, die miteinander verflochtenen globalen Probleme: *Ernährung, Wasser, Energie* und *Rohstoffe.*

Ihre langfristige Lösung setzt vor allem eine vernünftige Naturnutzung voraus, d.h. eine Form des Stoffwechsels der Gesellschaft mit der Natur, die den Menschen in den Mittelpunkt stellt, seine voll entfaltete Persönlichkeit einschließlich seiner Ansprüche an eine ihm zuträgliche natürliche Umwelt. Dabei kommt der Bewertung, d.h. der Frage nach der Legitimität von Bedürfnissen, der Frage danach, was im besten Interesse der Gesellschaft ist, eine gleichgroße Bedeutung zu wie den Fragen der Sicherung der natürlichen Reproduktion der Wasser- und Bodenressourcen, ihres Schutzes vor Entwertung durch Übernutzung, den Fragen der Stabilität von natürlichen und künstlichen Systemen, ihrer Empfindlichkeit gegenüber verschiedenartigen Belastungen wie Klimaschwankungen und -änderungen, Eingriffen des Menschen, Abstoffbelastungen usw.

Zur Befriedigung seiner Bedürfnisse hat der Mensch die industrielle und landwirtschaftliche Großproduktion geschaffen mit komplexen und komplizierten Wechselwirkungen zwischen *Gesellschaft, Technik* und *Natur,* deren Bewältigung zu den aktuellen Problemen der Gegenwart gehört. Durch die landwirtschaftliche Großproduktion ist der Boden mit seinem Pflanzenwuchs im gesamten hydrologischen, biologischen und geochemischen Kreislauf entscheidend verändert worden. Besondere Beachtung erfordern die vielfältigen Stoff- und Energieflüsse, insbesondere die Art und Weise und die Folgen der Rückführung der in der Produktion verbrauchten oder lediglich benutzten natürlichen Stoffe und Energieträger in natürliche Kreisläufe (Abb. 1).

Weltweit werden heute noch etwa 80% der für die Produktion und Konsumtion eingesetzten Stoffe letztlich als Abfall in die Umwelt entlassen. Über 5 Millionen chemische Verbindungen wurden synthetisiert und beschrieben. Die chemische Industrie produziert jährlich über 150 Mill. Tonnen synthetischer Chemikalien und große Mengen anorganischer und organischer Rohstoffe werden gefördert. In Ballungszentren fallen konzentriert große Mengen Ab-

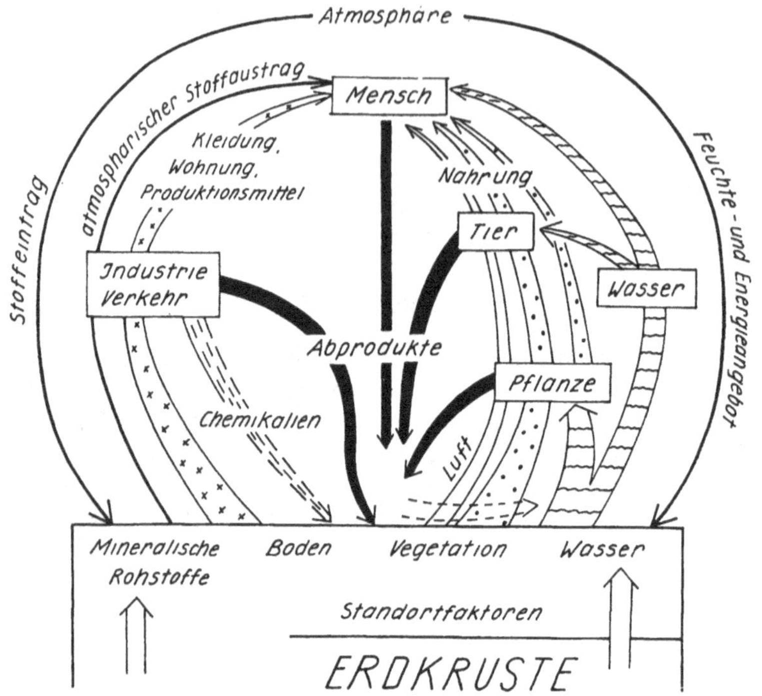

Abb. 1 Stoffströme bei den Wechselwirkungen von Gesellschaft und Natur

stoffe an. Ein erheblicher Teil der chemischen Produkte und Abstoffe gelangen während der Produktion, Lagerung, des Transportes, der Nutzung oder endgültigen Deponie in die Umwelt und nehmen an natürlichen Kreisläufen teil. Eine Folge ist u.a. die *Belastung der Gewässer*, ihre *Gefährdung*

- durch *Saprobisierung*, bedingt durch organische Abwasserinhaltsstoffe;
- durch *Eutrophierung*, bedingt durch anorganische Pflanzennährstoffe und
- durch *Kontaminierung*, bedingt durch Biozide, Schwermetallgifte, Mineralöle, Kohlenwasserstoffe, Radioisotope oder Krankheitserreger.

Abb. 1 macht deutlich, daß bei den Stoffströmen der Wasserkreislauf eine hervorragende Rolle spielt. Es ist daher von größter Bedeutung, daß die drei in ihn eingebauten Reinigungsmechanismen

- die Destillation in den atmosphärischen Phasen,
- die physiko-chemische und biologische Selbstreinigung in der Bodenphase,
- die mechanische und chemisch-biologische Selbstreinigung in der Gewässersphäre

voll funktionsfähig bleiben [1].

Ein grobes Maß für die Intensität der Flächennutzung ist die „*ökologische Flächenbelastung*", bei der die DDR einen vorderen Platz einnimmt [2].

Charakteristisch ist die *Mehrfachnutzung der Landschaft,* z.B. für die landwirtschaftliche Produktion und für die Gewinnung von Trinkwasser. Eine Folge ist u.a. die zunehmende Nährstoffbelastung der Gewässer, die vor allem bei landwirtschaftlich intensiv genutzten Trinkwasser-Einzugsgebieten konsequente Maßnahmen im Einzugsgebiet und Gewässer erfordert. Bei der Nitratkonzentration im Flußwasser beobachten wir lang- und kurzfristige Änderungen (Abb. 2).

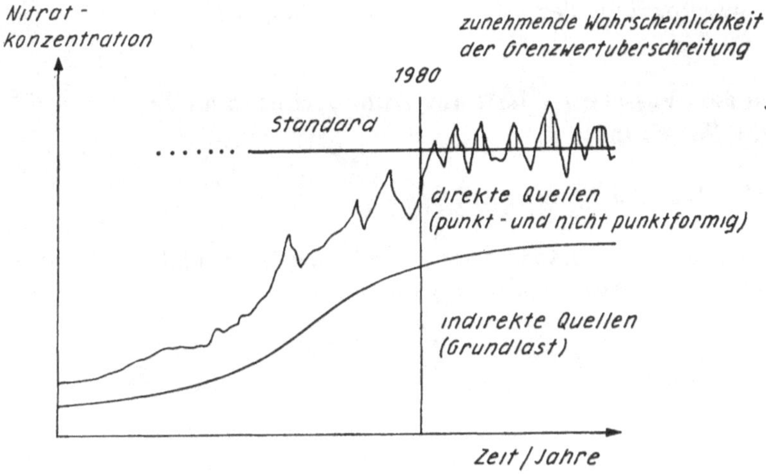

Abb. 2 Lang- und kurzfristige Änderungen der Nitratkonzentration im Flußwasser (nach Beck [3])

Es steigt sowohl die Grundlast, die vor allem vom aus indirekten Quellen belasteten Grundwasser stammt, mit Verweilzeiten von mehreren Jahren und teilweise Jahrzehnten, als auch die stark witterungsbedingte Belastung aus direkten Quellen (Kläranlagen, landwirtschaftlichen Nutzflächen, Siedlungen, Intensivviehhaltungen). Das führt zu einer längerfristigen Erhaltungstendenz der Gewässerbelastung und zu einer häufigeren Überschreitung von Grenzwerten (Abb. 2).

Auch beim Wasserproblem sind wir zunehmend mit der Bewältigung der *wachsenden Komplexität und Kompliziertheit der Wechselwirkungen von Soziosphäre, Technosphäre und Ökosphäre* konfrontiert. Die Lösung des Widerspruchs von gesellschaftlichen Anforderungen und begrenzt verfügbaren Ressourcen erfordert wesentlich tiefere Kenntnisse über die langfristige Leistungsfähigkeit und Belastbarkeit von Geosystemen, aber auch von Wasserwirtschaftssystemen. Es erfordert sowohl ökonomisches als auch ökologisches Denken und Handeln [4].

Zur Lösung des sich allgemein zuspitzenden Wasserproblems der Menschheit werden auch international große Anstrengungen unternommen. Wir verweisen nur auf

- die Weltwasserkonferenz der Vereinten Nationen, Mar del Plata 1977, auf welcher die „Deklaration von Mar del Plata“ beschlossen wurde;
- das von der UNO beschlossene Dezennium für Trinkwasserversorgung und Sanitärmaßnahmen;
- das Internationale Hydrologische Programm (IHP) und das Programm Mensch und Biosphäre (MAB) der UNESCO sowie
- das Weltklimaprogramm der WMO mit seiner Komponente Wasser.

2. Aufgaben der Wasserwirtschaft und Anforderungen an die hydrologische Forschung

2.1. Allgemeine Situation

Die DDR gehört zu den Ländern mit dem geringsten potentiellen Wasserdargebot; es liegt bei rund 900 m³/E. a (Abb. 3).

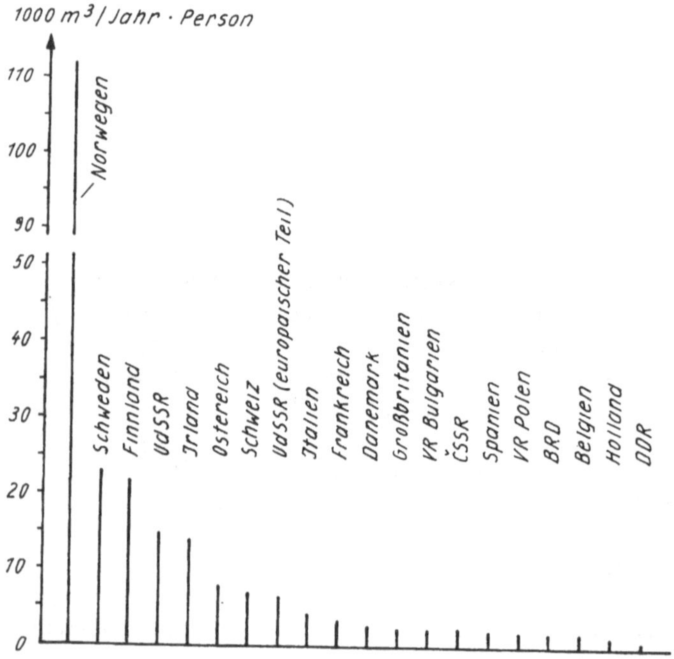

Abb. 3 Potentielles Wasserdargebot bezogen auf den Einwohner für einige europäische Staaten

Um die Bevölkerung, Industrie und Landwirtschaft stabil mit Wasser zu versorgen, muß in der DDR zu einer umfassenden *rationellen Wasserbewirtschaftung* mit Mehrfachnutzung von Oberflächen- und künftig auch Grundwasser übergegangen werden. In allen Bereichen der Volkswirtschaft ist die *wirtschaftliche Wasserverwendung und der Schutz der Wasserressourcen vor Entwertung* durchzusetzen. Diese Aufgabenstellung ist im neuen Wassergesetz formuliert. Ihre Erfüllung erfordert neue Erkenntnisse von Wissenschaft und Technik und deren schnelle praktische Anwendung.

Es kann festgestellt werden, daß in der DDR beachtliche Anfangserfolge bei der Durchsetzung der rationellen Wassernutzung erreicht wurden. Das zeigt u.a. die Wasserbilanz der DDR für das Jahr 1980 [5]. Die Bedarfsentwicklung für die Industrie und Landwirtschaft blieb unter früheren Prognosen, da der spezifische Wasserbedarf in der Industrie gesenkt und der Wasserverschwendung Einhalt geboten wurde. Die Mehrfachnutzung des Oberflächenwassers wurde gesteigert, sie erreicht in Ballungsräumen in den Sommermonaten bereits Werte bis zur zehnfachen Nutzung. Die weiterhin notwendige Senkung des Entnahmebedarfes der Industrie durch Senkung des spezifischen Wasserbedarfs erfordert den *Übergang zu wassersparenden und wasserlosen Technologien.* Die weitere Erhöhung der Mehrfachnutzung setzt eine entsprechende Abwasserreinigung voraus.

Vorbedingung für eine rationelle Wassernutzung sind eine ausreichende Prozeßkenntnis für natürliche und technische Systeme sowie die Erfassung, Überwachung und Bilanzierung der Wasserressourcen auf wissenschaftlicher Grundlage.

2.2. Erfassung, Überwachung und Bilanzierung der Wasserressourcen

Eine wirksame Erfassung, Überwachung und Bilanzierung der Wasserressourcen verlangt, daß Oberflächenwasser (Stand- und Fließgewässer), Grundwasser und Bodenwasser als untrennbare Einheit hinsichtlich Wassermenge und Wassergüte angesehen werden.

Die Bewirtschaftung der Wasserressourcen hat das Ziel, das räumlich, zeitlich und beschaffenheitsmäßig schwankende Wasserdargebot dem Wasserbedarf anzupassen, der eine andere Raum-Zeit-Verteilung aufweist. Die Lösung dieser Aufgabe erfordert eine ständig detailliertere und genauere Kenntnis des Wasserdargebotes. Das beginnt mit der standortbezogenen, flächendeckenden Erfassung des potentiellen Wasserdargebotes im langjährigen Mittel, setzt sich mit der Ermittlung des mittleren stabilen Wasserdargebotes fort, muß schließlich auch den Jahresgang erfassen und letztlich die volle Dynamik der ober- und unterirdischen Abflußbildungs- und Abflußkonzentrationsprozesse mit der jeweils notwendigen zeitlichen Auflösung. Das erfordert wesentliche Fortschritte bei der Erforschung der hydrologischen Prozesse in den Einzugsgebieten und Gewässern. Bei den *hydrologischen Prozessen* handelt es sich im allgemeinen um *instationäre, nichtlineare stochastische Prozesse*, deren Erfassung hohe Anforderung an die Meßtechnik, Datensammlung und Analyse stellt. Das gilt für alle Komponenten der Wasserhaushaltselemente Niederschlag P, Verdunstung ET, Abfluß R und Speicherinhaltsänderung ΔS.

Für die langjährigen Mittelwerte der Wasserbilanz der DDR (1901 bis 1970) gilt Niederschlag $\overline{P} = 662$ mm/a, reale Evapotranspiration $\overline{ETR} = 502$ mm/a und Abfluß $\overline{R} = 160$ mm/a (potentielles Wasserdargebot), wobei sich der Abfluß etwa gleichmäßig auf den oberirdischen Abfluß $RO = 80$ mm/a und auf den unterirdischen Abfluß $RU = 80$ mm/a aufteilt [1]. Im Hinblick auf den großen Posten, den die reale Evapotranspiration in der Wasserbilanz einnimmt und wegen der beträchtlichen Auswirkungen ihrer Veränderung auf das potentielle Wasserdargebot, ist ihre flächendeckende Ermittlung ein Schwerpunktgebiet der hydrologischen Forschung. Es gilt, die *reale Evapotranspiration* ETR aus dem Zusammenwirken von Feuchte- und Energiedargebot der Atmosphäre sowie der Effektivität ihres Umsatzes über die Standortfaktoren (Boden und Vegetation) zu ermitteln (Abb. 4).

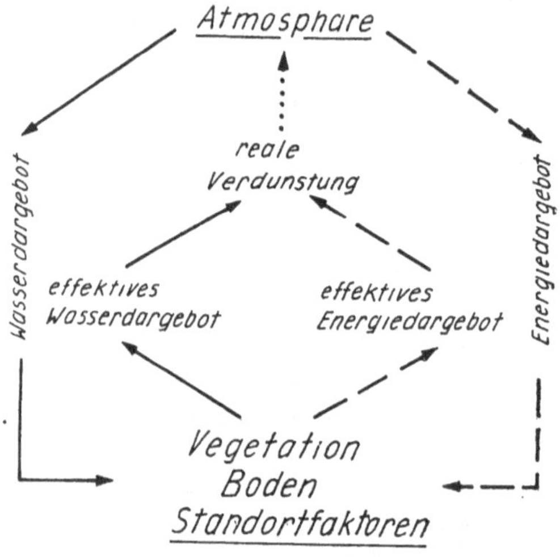

Abb. 4 Ermittlung der realen Evapotranspiration aus dem Zusammenwirken von Feuchte- und Energiedargebot der Atmosphäre sowie der Effektivität ihres Umsatzes über die Standortfaktoren

Dieses Zusammenwirken von Feuchtedargebot (Niederschlag $\overline{P}$), Wärmedargebot (potentielle Verdunstung $\overline{ETP}$ als sein Wasseräquivalent) und Effektivität des Umsatzes über die Standortfaktoren wird von der *Bagrov-Beziehung* physikalisch richtig erfaßt. Abb. 5 zeigt die ausgewertete Bagrov-Beziehung für ausgewählte Effektivitätsparameter n.

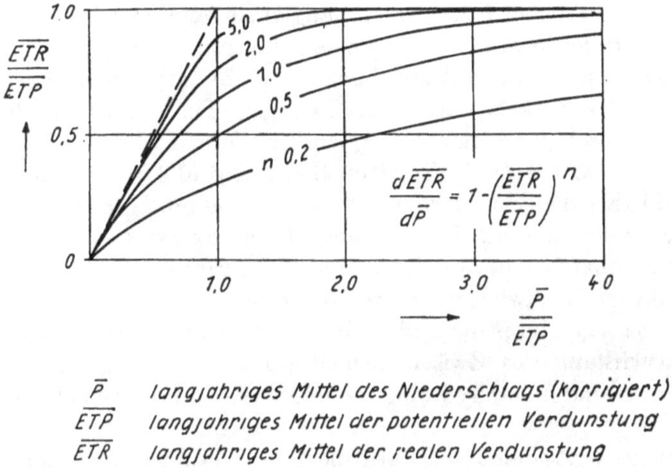

Abb. 5 Bagrov-Beziehung zur Ermittlung der realen Evapotranspiration für ausgewählte Werte des Effektivitätsparameters n (nach Glugla und Enderlein [6])

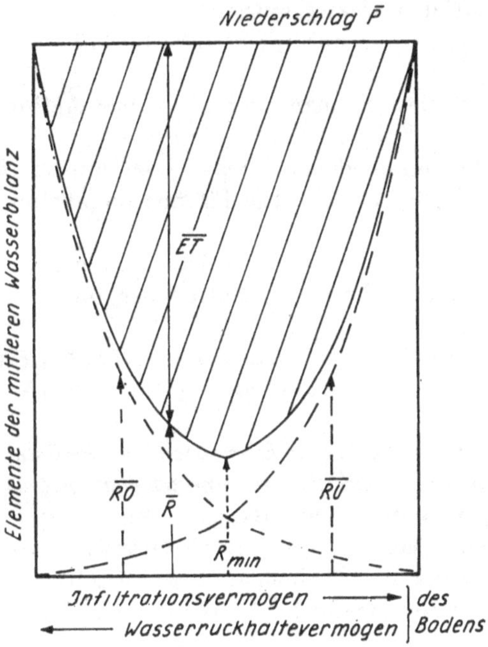

Abb. 6 Die Variation der mittleren jährlichen Wasserbilanz mit hydrophysikalischen Bodencharakteristika bei konstanten Klimabedingungen (nach L'vovič [7])

Die Wasserbilanz variiert beträchtlich in Abhängigkeit vom Feuchte- und Energiedargebot und von den Standortfaktoren. Als Beispiel zeigt Abb. 6 die Variation der mittleren jährlichen Wasserbilanz mit hydrophysikalischen Bodencharakteristika bei konstanten Klimabedingungen. Da wegen der allgemein besseren Wasserbeschaffenheit ein möglichst großer Anteil des unterirdischen Abflusses am Gesamtabfluß anzustreben ist, sind alle Maßnahmen, durch welche die Infiltration vermindert wird – wie Versiegelung der Oberfläche durch Baumaßnahmen oder Verdichtung durch landwirtschaftliche Maschinen –, wasserwirtschaftlich nachteilig. Den größten Einfluß auf die reale Evapotranspiration übt die Landwirtschaft mit der Bewässerung und Pflanzenproduktion aus. Zuverlässige Kenntnisse über die Verdunstung verschiedener Fruchtarten, die Auswirkung des Zwischenfruchtanbaues und von Bodenbearbeitungsmaßnahmen sind daher hydrologisch und wasserwirtschaftlich von großer Bedeutung.

Da sich die Hydrologie weitgehend auf Naturmessungen stützen muß, gerät sie immer mehr in Zeitnot und in eine Zange, denn sie wird in ihrem Bestreben, die natürlichen Prozesse des Wasserkreislaufes zu verstehen und mathematisch zu beschreiben, überall mit der stark zunehmenden anthropogenen Beeinflussung der hydrologischen Prozesse und damit auch der Dargebotswerte konfrontiert [8]. Im Vordergrund stehen mit jeweils massiven aber unterschiedlichen Eingriffen in und Einflüssen auf den Wasserhaushalt

- die industrielle Pflanzen- und Tierproduktion mit bedeutender Beeinflussung des Wasser- und Stoffhaushaltes,
- die Urbanisierung als sehr dynamisches Element vor allem der Abflußvergrößerung und -beschleunigung,
- der Braunkohlenbergbau in seinen verschiedenen Phasen vom Aufschluß bis zur Rekultivierung, der in der DDR beträchtliche Flächen umfaßt und Wassermengen umsetzt,
- die wasserwirtschaftlichen Maßnahmen, wie Speicher und Überleitungen und
- die verschiedensten Wassernutzungen in Form von Entnahmen und Einleitungen.

Die Erfassung der anthropogenen Einflüsse auf den Wasserhaushalt stellt neuartige Anforderungen, sie ist als eine große Herausforderung für die Hydrologie anzusehen.

Eine rationelle Wasserwirtschaft erfordert heute eine kontinuierliche Gewässerüberwachung, die als Teil der komplexen Umweltüberwachung zu betreiben ist. Zum Überwachungssystem gehören Aktivitäten, wie Beobachtung, Messung, Analyse, Vorhersage künftiger Zustandsänderungen sowie Bewertung von gegenwärtigen und künftigen Systemzuständen nach einem wissenschaftlichen Programm und die Durchsetzung von Schutzmaßnahmen, wie sie das Wassergesetz vorschreibt.

Das erfordert die Erfassung des natürlichen Regimes der Komponenten des Wasserkreislaufes, d. h. ihre lang- und kurzfristigen Schwankungen einschließlich ihrer Simulation und Vorhersage. Neben der Erfassung der ober- und unterirdischen Wasserressourcen sind alle Nutzungseinflüsse mit zu erfassen. Das sind Wasserentnahmen und -einleitungen von Hauptwassernutzern, aber auch diffuse Stoffeinträge in die Gewässer aus der Atmosphäre, von landwirtschaftlichen Nutzflächen und Viehhaltungen und aus Stadtgebieten. Dabei stellt die zunehmende Intensität der Wassernutzung spezielle Anforderungen an die Datensammlung und -verarbeitung.

Die Erfassung der Stoffkreisläufe und Energieflüsse mit ihren Quellen und Senken darf sich nicht nur auf die Wasserkörper beschränken, sondern muß die Einzugsgebietskörper teilweise auch über die freientwässerbaren Bereiche hinaus erfassen. Das gilt insbesondere für Bergbaugebiete und die Gewinnung von Tiefengrundwasser. Eine weitgehende Anwendung einheitlicher Meß-, Datenübertragungs-, Datenverarbeitungs- und Datenspeicherungstechniken ist unerläßlich.

Die Einhaltung vorgegebener Grenzwerte der Wasserbeschaffenheit ist ständig zu kontrollieren. Schutzbedürftig sind vor allem die Gewässer, bei denen eine eingetretene Degradierung der Wasserbeschaffenheit nur mit großem volkswirtschaftlichen Aufwand zu beheben ist. Das ist vor allem das Grundwasser, aus dem die Trinkwasserversorgung zu 70% erfolgt, und das sind die Seen und Talsperren.

Eine wichtige Grundlage für die Überwachung und den Schutz der Gewässer ist ihre Klassifizierung. Das gilt für die Stand- und Fließgewässer ebenso wie für das Grundwasser [9, 10].

Es ist notwendig, dem Nutzer wassermengen- und gütewirtschaftlicher Daten diese leicht abrufbar in sofort nutzbarer Form rechnergestützt bereitzustellen (z.B. Magnetbänder, Listen, Grafiken, Karten usw.). Solche nutzerfreundlichen automatisierten Datenspeicherungs- und Datenabrufsysteme haben den Primat gegenüber der früher üblichen Publikation von Massendaten in Form von Jahrbüchern [11, 12].

Diese Aufgaben können nur dann sinnvoll und mit vertretbarem Aufwand gelöst werden, wenn die Forschung die notwendigen Grundlagen bereitstellt. Das beginnt bei der zutreffenden Beschreibung der wichtigsten Transport- und Wandlungsprozesse der Stoffkreisläufe und Energieflüsse und schließt die gesamte Meßtechnik und Analytik ein. Das neue Wassergesetz trägt den Fragen der Überwachung und des Schutzes der Gewässer in hohem Maße Rechnung.

3. Aufgaben und Probleme der hydrologischen Forschung

3.1. Vorhersage und Simulation

Grundaufgaben der Hydrologie sind die Analyse und Extrapolation. Auszugehen ist von einer *Analyse* der von den Prozessen vorliegenden Informationen. Bei der *Extrapolation* geht es um Vorhersage und Simulation des Verhaltens hydrologischer Systeme mit unterschiedlichen Zeitkonstanten und mit unterschiedlich großen Extrapolationsbereichen bei Bewirtschaftungs- (Steuerungs-), Planungs- und Bemessungsaufgaben.

Bei der *Echtzeitvorhersage* zur operativen Wasserbewirtschaftung und für Schutzmaßnahmen liegt der Zeithorizont bei Stunden bis Monaten, je nachdem, ob wir es mit Kurz-, Mittel- oder Langfristvorhersagen zu tun haben. Die Zuverlässigkeit von Vorhersagen nimmt mit wachsendem Zeithorizont stark ab, so daß schließlich nur noch Wahrscheinlichkeitsaussagen gemacht werden können. Dies ist typisch für den Nichtechtzeitbereich.

Bei der *Planung* richtet sich der Extrapolationsbereich nach dem Planungszeithorizont, der von verschiedenen Größen bestimmt wird, wie z.B. von der Funktionsdauer der Anlagen oder von Zyklen der Vegetation, die beim Wald bis in den Bereich von 100 Jahren reichen. Für die Planungsentscheidungen sind Wahrscheinlichkeitsaussagen für maßgebliche Systemzustände zu machen. Sie werden durch Simulation, das heißt durch die Erzeugung einer Vielzahl von Realisierungen der maßgebenden hydrologischen Prozesse und deren Auswertung oder mit Hilfe der Extremwertstatistik gewonnen. Die *Simulation* dient hier der Untersuchung einer größeren Zahl von Varianten für einen Zeithorizont von Jahren und einigen Jahrzehnten.

Bei der *Bemessungsaufgabe* sind von der Hydrologie die extremen Belastungen von Anlagen und Systemen anzugeben, die mit einer bestimmten Wahrscheinlichkeit auftreten. Entsprechend den kleinen Überschreitungswahrscheinlichkeiten, die bei diesen Ereignissen bei bedeutenden Anlagen zugelassen werden, ist über sehr große Zeiträume zu extrapolieren. So werden bei Talsperren Bemessungs-Hochwasser mit einem Wiederkehrintervall bis zu 10000 Jahren betrachtet. Die Unsicherheiten nehmen mit dem Extrapolationsbereich zu. Wird versucht, die Gesetzmäßigkeiten des Durchflußprozesses in ihrer zeitlichen und räumlichen Variabilität aus kurzen oder fehlerhaften Beobachtungsreihen abzuleiten und zu simulieren, dann tritt ein beträchtliches Risiko auf. Dieses Risiko erhöht sich bei weitreichenden Extrapolationen zur Ermittlung von Extremwerten, bedingt vor allem durch mangelhafte Kenntnisse über die Wahrscheinlichkeitsverteilung dieser Extremwerte [1].

3.2. Analyse der Beobachtungsreihen

Derartige Extrapolationen verlangen umfassende Analysen der Beobachtungsreihen und Informationserweiterungen über den Beobachtungszeitraum hinaus (z.B. Berücksichtigung historischer Hochwasser) [1].

Die Analyse und Extrapolation muß heute die Masse- und Energieflüsse in den Teilsystemen eines Einzugsgebietskörpers erfassen. Das erfordert sowohl die vertikale Gliederung der Einzugsgebietskörper zur Erfassung der einzelnen Abflußniveaus (Abb. 7) als auch die horizontale Gliederung, um die vorhandenen Unterschiede in den Stoff- und Energieflüssen zu erfassen (Abb. 8). Die Abflußkomponenten stammen aus unterschiedlichen Abflußbildungsflächen, ihnen sind unterschiedliche Stoffkonzentrationen zugeordnet (Abb. 9, Abb. 10).

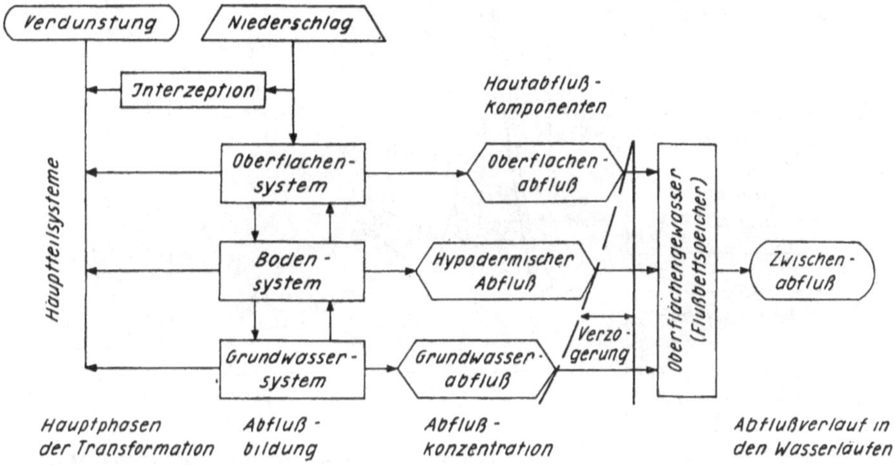

Abb. 7 Schematische Darstellung der Niederschlags-Abfluß-Transformation, Vertikalgliederung von Einzugsgebieten und Hauptabflußkomponenten

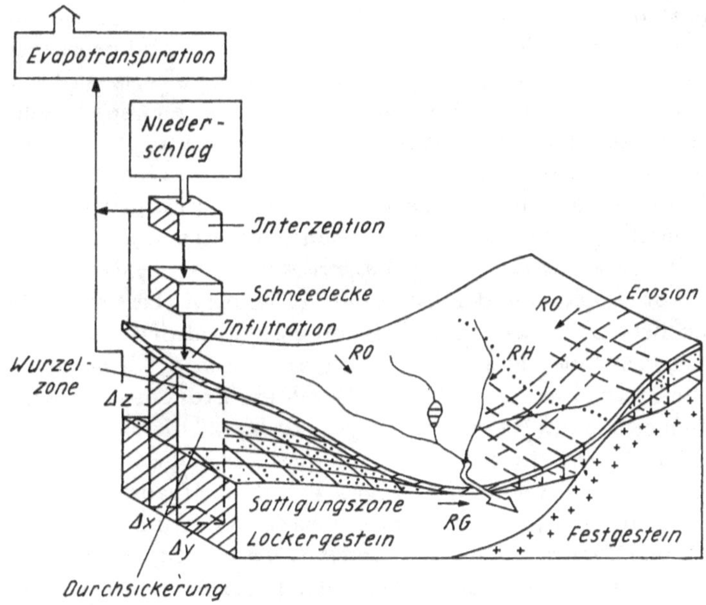

Abb. 8 Prinzipskizze zur horizontalen und vertikalen Untergliederung eines Flußeinzugsgebietes

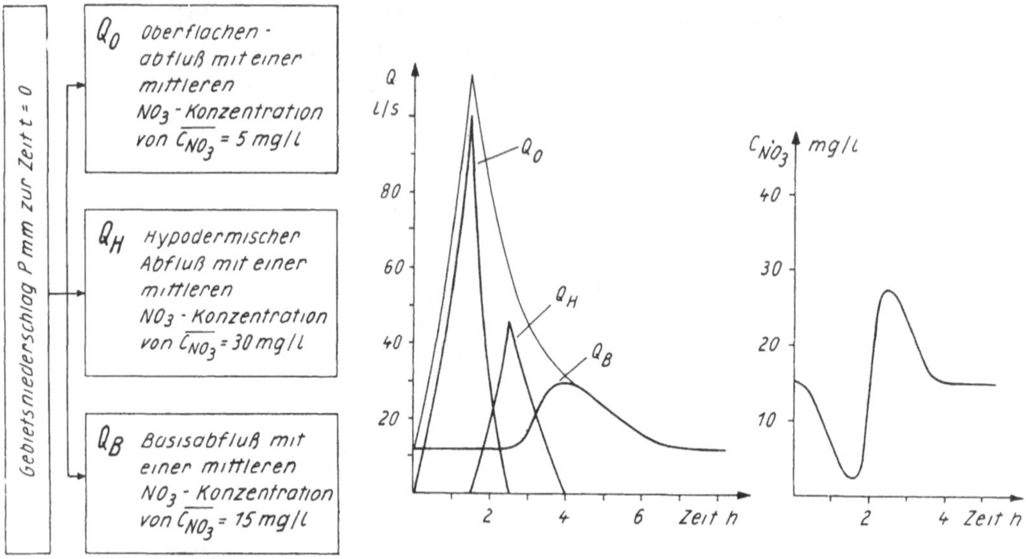

Abb. 9 Schema einer auf Abfluß komponentenbezogenen Modellierung des NO_3-Konzentrationsverlaufes innerhalb eines Hochwasserereignisses (nach Grünewald und Wernecke [13])

Für eine *flächendetaillierte Berechnung des Wasser- und Stoffhaushalts von Einzugsgebieten* müssen wir die Eingangsdaten und Parameter standortbezogen ermitteln. Es ist daher eine der Hauptaufgaben der Hydrologie horizontal und vertikal gegliederte hydrologische Einzugsgebietsmodelle zu entwickeln, welche die Kopplung zu den Stoffhaushaltskomponenten ermöglichen. Sie müssen Strukturen und Parameter aufweisen, die den Einfluß der Landnutzung durch entsprechende hydrologische Kenngrößen erfassen. So wird die konkrete Struktur und Zielstellung eines komplexen Nährstoffaustragsmodells zur Erfassung des Einflusses eines intensiv genutzten Agrarökosystems auf Gewässerökosysteme vor allem von den Nutzungsbedingungen bestimmt. Es kann sowohl Teilmodelle zur Stickstoffauswaschung aus landwirtschaftlichen Schlägen mit homogener Nutzung als auch aus hydrologischen Kleineinzugsgebieten mit inhomogener Nutzung umfassen. Durch ein Erosions- und Sedimentationsmodell innerhalb des Nährstoffabtragsmodells sind die partikulären Stoffkomponenten zu erfassen. In der DDR wird an einem stufenweise aufzubauenden komplexen Modellsystem des Wasser- und Stoffhaushaltes von Einzugsgebieten u.a. am Beispiel der Einzugsgebiete der Trinkwasser-Talsperren Saidenbach und Neunzehnhain II gearbeitet, die künftig als eines der ausgewählten Schwerpunktgebiete der ökologischen Forschung dienen sollen [13].

Mit diesen Bemerkungen sollte deutlich gemacht werden, daß die Erfor-

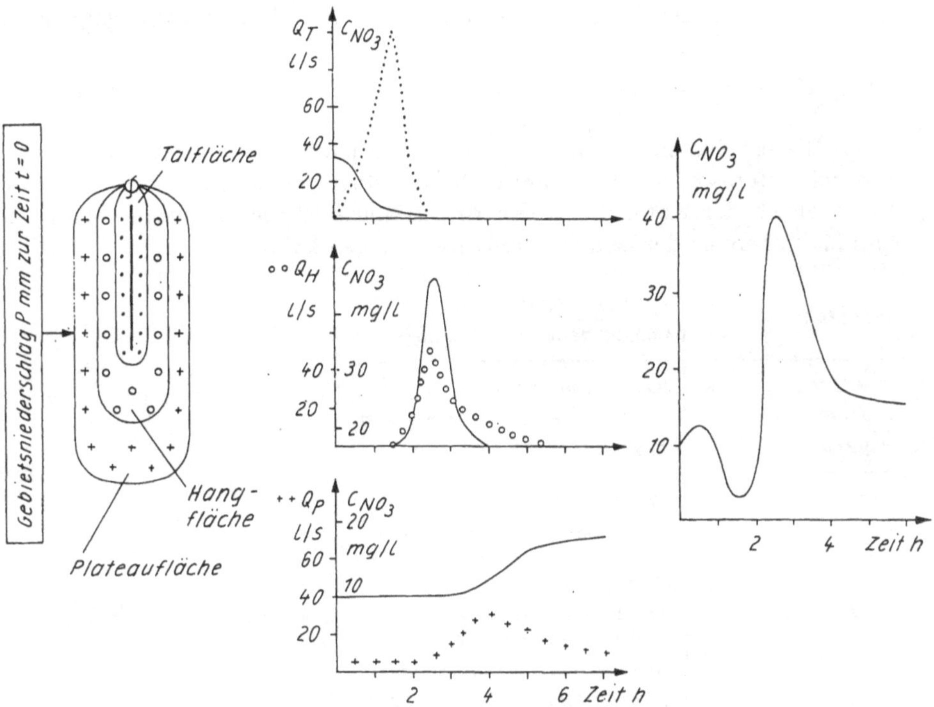

Abb. 10 Schema einer flächendetaillierten Modellierung des NO_3-Konzentrationsverlaufes innerhalb eines Hochwasserereignisses (nach Grünewald und Wernecke [13])

schung der Stoffdynamik, des vertikal und lateral gerichteten Stoffdurchsatzes in Einzugsgebieten unter Beachtung der wichtigsten anthropogenen Einflüsse sowie die Modellierung von Stofftransport und Umsatz in Flußgebieten und Wasserkörpern zu den Schwerpunktaufgaben der Hydrologie gehören.

Die Lösung dieser Aufgaben ist Voraussetzung für die Prognose der mengen- und beschaffenheitsmäßigen Formierung der Wasserressourcen unter Berücksichtigung der maßgebenden natürlichen und anthropogenen Einflußgrößen. Ausgehend von den im Gebiet bestehenden Konfliktbereichen sind über Scenario-Analysen die Veränderungen bei Belastungsänderungen oder Sanierungsmaßnahmen nachvollziehbar und vorhersagbar zu machen. Die Weiterentwicklung der Methoden und Verfahren zur Erfassung der Nährstoffausträge in Abhängigkeit von den Nutzungsprozessen erfordert eine bessere Erfassung der Dynamik der Stoff- und Wasserkreislaufprozesse. Wir wollen uns hier auf die Diskussion der letztgenannten Aufgabe beschränken und näher auf die Anforderungen an die Modellierung der Wasserbewegung in hydrologischen Einzugsgebieten eingehen.

4. Modellierung der Wasserbewegung in hydrologischen Einzugsgebieten

4.1. Maßstabsfragen

Am Wasser sind eine Reihe von Wissenschaftsdisziplinen interessiert, wobei sich ihr Interesse auf bestimmte Maßstabsbereiche konzentriert, die vom Mikrobereich der Kernphysik über den Mesobereich der Hydromechanik bis zum Makrobereich der Geowissenschaften reichen (Abb. 11).

Maßstab	Typische Beschreibung Wassermenge / Wassergüte
Nuklear	Quantenmechanik
Atomar	Stochiometrische Gleichungen
Molekular	Kinetische Theorie
Punkt	Navier-Stokes-Gleichungen
Vermischungslange	Reynolds-Gleichungen
Lokal	Diskrete Formulierungen
Gebiet	gegliedertes System mit verteilten Parametern
Regional	Blocksystem-Formulierungen
Global	Blocksystem-Formulierungen

Abb. 11 Beschreibungsmaßstäbe aus der Sicht der Hydrologie

Die Hydrologie hat früher vor allem im Makrobereich der Geowissenschaften gearbeitet und sich im Mesobereich der Methoden der Hydromechanik bedient. Sie muß heute zur gemeinsamen Beschreibung der Prozesse des Wasser- und Stoffhaushaltes sowie der Energieflüsse ihre Betrachtungen auf Meso- und Mikrobereich ausdehnen. Es muß zur Lösung der hydrologischen Aufgaben mit den in diesen Bereichen arbeitenden Disziplinen der Physik (Hydromechanik, Thermodynamik), Biologie und Chemie kooperiert werden.

Die *Hydromechanik* arbeitet mit den Methoden der Kontinuumsmechanik und vernachlässigt die feinmaßstäbliche Struktur des Wassers. Sie benutzt die interne Beschreibung der Wasserbewegung, bei der die Bedingungen an einem Punkt im Innern des Wasserkörpers formuliert werden und eine Erweiterung auf den gesamten Wasserkörper versucht wird.

Die *Hydrologie* arbeitete bisher im wesentlichen mit den Methoden der Systemanalyse im Makrobereich. Sie benutzte vor allem die externe Beschreibung der Wasserbewegung, bei der der Wasserkörper von außen betrachtet und mit Hilfe von Feldmessung beschrieben wird. Dabei werden die Ergebnisse von gemessenen hydrologischen Ereignissen auf andere hydrologische Ereignisse im selben System oder in ähnlichen Systemen übertragen.

4.2. *Mesobereich – Beschreibung der Wasserbewegung*

In der Hydrologie und Hydromechanik wird als fundamentales Prinzip das der Masseerhaltung angesehen, auch wenn andere fundamentale Prinzipien angenähert oder nicht berücksichtigt werden. Sie betrachten das Wasser im allgemeinen als Newtonsche Flüssigkeit. Für turbulentes Fließen lassen sich die Navier-Stokes-Gleichungen nicht zum Maßstab des interessierenden mittleren Abflusses integrieren. Sie werden durch die Reynolds-Gleichungen ersetzt, bei denen die Momentangeschwindigkeiten unterteilt werden in eine mittlere Komponente und eine zufällige Schwankung um diese. Die momentanen Navier-Stokes-Gleichungen werden über einen Zeitmaßstab gemittelt, der groß im Vergleich zum Zeitmaßstab der Zufallsschwankungen ist, jedoch klein im Vergleich zu dem des mittleren Durchflusses [14].

In der angewandten Hydromechanik stützt sich die Parametrisierung weitgehend auf empirische Gleichungen. Für den eindimensionalen, instationären allmählich veränderlichen freien Oberflächenabfluß leitete St. Venant den hydrodynamischen Ansatz ab (Abb. 12). Die Parametrisierung der Bewegungsgleichung erfolgt durch empirische Beziehungen für die Wandreibung (Reibungsgefälle I_s); z. B. über den Fließgeschwindigkeitsansatz von Manning-Strickler [15].

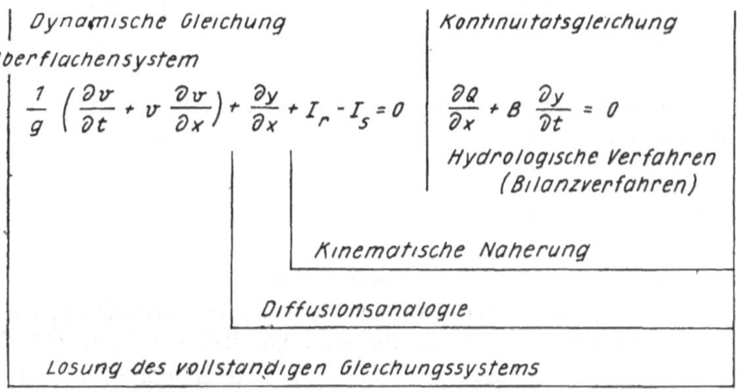

Abb. 12 Hydrodynamischer Ansatz von St. Venant zur Beschreibung des eindimensionalen, instationären allmählich veränderlichen freien Oberflächenabflusses und Möglichkeiten zur Modellreduktion, mit Fließgeschwindigkeit v, Wassertiefe y, Ortskoordinate x, Schwerebeschleunigung g, Reibungsgefälle Jr, Sohlgefälle J_s, Durchfluß Q, Gerinnebreite B, Zeit t

Die verschiedenen Prozesse des Wasserkreislaufes (Niederschlag, Infiltration, Versickerung, bodeninnerer lateraler Abfluß, Grundwasserabfluß, Durchfluß der Fließgewässer usw.) beinhalten alle die Wasserbewegung und ihre Transformation von einer Form der Wasserspeicherung in eine andere. Die

Hydrologie verwendet für die interne Prozeßbeschreibung im Mesobereich ebenfalls die Grundgleichungen der Hydromechanik.

Für die Beschreibung der *Fließbewegung in Flüssen* und Gerinnen wird mit der St. Venant-Gleichung und ihren Vereinfachungen gearbeitet (Abb. 12). Beim flächenhaften Abfluß (Schichtabfluß) auf der Landoberfläche muß die Speisung durch den Niederschlag und der Verlust durch Infiltration berücksichtigt werden. Für den *Landoberflächenabfluß* lautet die Kontinuitätsgleichung für die Einheitsbreite [1]

$$\frac{\delta q}{\delta x} + \frac{\delta y}{\delta t} = PI(x, t) - f(x, t) \tag{1}$$

mit der Abflußhöhe y, dem Abfluß pro Einheitsbreite q, der Niederschlagsintensität PI und der Infiltrationsintensität f. Die Bewegungsgleichung lautet dann

$$\frac{1}{g}\left(\frac{\delta v}{\delta t} + v\frac{\delta v}{\delta x}\right) + \frac{\delta y}{\delta x} + I_r - I_s = -\frac{v}{g \cdot y}(PI - f), \tag{2}$$

Beschleunigungsglieder und Druckglied werden jedoch meist vernachlässigt, d.h., es wird mit der kinematischen Näherung gearbeitet (Abb. 12). Sie bildet eine Grundlage für die Beschreibung der flächenhaften Erosion. Die Wasserbewegung in der ungesättigten und gesättigten Bodenzone wird bei der internen Prozeßbeschreibung ebenfalls mit den hydrodynamischen Gleichungen beschrieben.

In der *gesättigten Zone* (Grundwasserleiter) lautet die Kontinuitätsgleichung für die eindimensionale horizontale Fließbewegung als den einfachsten Teil

$$\frac{\delta q}{\delta x} + n\frac{\delta h}{\delta t} = GWR\,(x, t) \tag{3}$$

mit dem horizontalen Durchfluß je Einheitsbreite q, der Höhe der Grundwasseroberfläche über dem horizontalen Grundwasserstauer h, dem entwässerbaren Porenvolumen n und der Grundwasserneubildung an der GW-Oberfläche GWR. Obwohl das Speichervermögen n, im allgemeinen konstant angenommen wird, handelt es sich um die Parametrisierung der sehr komplexen Volumenänderung, die bei Erhöhung oder Absenkung der Grundwasseroberfläche stattfindet.

Die dynamische Gleichung für das Fließen in porösen Medien ergibt sich ebenfalls als parametrisierte Lösung der Navier-Stokes-Gleichung unter Vernachlässigung der Beschleunigungsglieder. Sie ist als Darcy-Gleichung bekannt und lautet unter den Bedingungen des homogenen und isotropen Bodens [1]

$$\vec{v} = -K \cdot \operatorname{grad} \Phi \tag{4}$$

mit der gesättigten hydraulischen Leitfähigkeit K und dem Gesamtpotential (Schwerkraft- plus Druckpotential) Φ. K ist dabei die Parametrisierung sowohl der physikalischen Eigenschaften des Wassers (Dichte, Viskosität) als auch der Durchlässigkeit des Bodens, die von der Korngrößenverteilung, der Packung u.a. abhängt.

Diese Bewegungsgleichung wird meist vereinfacht in der Depuit-Forchheimer-Form geschrieben, bei der horizontale Stromlinien und damit eine einheitliche Geschwindigkeitsverteilung über die Tiefe angenommen werden. Es gilt dann

$$q = -K \cdot h \cdot \frac{\delta h}{\delta x}. \tag{5}$$

Bei der *ungesättigten Bodenzone* ergibt sich die einfachste Formulierung für die eindimensionale vertikale Bewegung, die entweder als abwärtsgerichtete Sickerwasserbewegung oder als aufwärtsgerichteter Kapillarwasseraufstieg stattfindet. Die Kontinuitätsgleichung lautet hier [1]

$$\frac{\delta w}{\delta z} + \frac{\delta \Theta}{\delta t} = 0 \tag{6}$$

mit dem aufwärtsgerichteten Durchfluß je Einheitsfläche des Bodens w, der Bodenfeuchte Θ als Anteil des gesamten Bodenvolumens und z vertikal nach oben gerichtet. Die Wasserbewegung findet unter dem Gradienten des Gesamtpotentials statt. Wird nur die Wirkung der Druckkräfte und Gravitation berücksichtigt, dann lautet die Bewegungsgleichung

$$w(z, t) = -K(\Theta) \frac{\delta \Phi}{\delta z} = K(\Theta) \frac{\delta \psi}{\delta z} - K(\Theta) \tag{7}$$

mit der ungesättigten hydraulischen Leitfähigkeit $K(\Theta)$, dem Gesamtpotential Φ und der Saugspannung ψ, die dem negativen Wert der Druckhöhe entspricht.

Da die Saugspannung und ungesättigte hydraulische Leitfähigkeit nur in Abhängigkeit von der Bodenfeuchte angegeben werden können, sind wir bei der Bodenwasserbewegung mit einem recht komplexen Problem konfrontiert. Zur Lösung dieser Gleichungen sind diese drastisch zu vereinfachen oder es sind numerische Methoden anzuwenden.

Alle bisher angeführten Gleichungen beschreiben die hydrologischen Prozesse an einem Punkt. Ihre Lösung für ein Landschaftselement, z. B. für einen Hang oder für ein gesamtes Einzugsgebiet konfrontiert uns massiv mit Problemen der *Parameterbestimmung*, denn die Parameter ändern sich vertikal von Bodenschicht zu Bodenschicht und horizontal von Standort zu Standort. Bei den gegliederten, systembeschreibenden Modellen mit verteilten Parametern wird nun versucht, das Problem zu bewältigen, indem das Einzugsgebiet in modulare Einheiten untergliedert wird, die bezüglich der hydrologischen Prozesse als homogen angesehen werden können (Hydrotope, Abb. 8). Diese Einheiten müssen dann in einem großen Rechenprogramm verbunden werden. Wegen der entstehenden außerordentlich komplexen Rechenprogramme, der erforderlichen Großrechner und Rechenzeiten scheint dieser Weg aus heutiger Sicht für praktische hydrologische Aufgaben zu aufwendig.

Eine Alternative hierzu ist die Betrachtung der Wasserbewegung und -speicherung im Einzugsgebiet von außen auf der hydrologischen oder Makro-Maßstabsebene, bei der die Kalibrierung durch Feldmessungen erfolgt. Diese externe Prozeßbeschreibung wurde in der Hydrologie bereits angewendet bevor für sie das wissenschaftliche Gebäude der Systemtheorie zur Verfügung stand, in das sie sich jetzt eingliedert.

4.3. Makrobereich-Beschreibung der Wasserbewegung

4.3.1. Typen der externen Beschreibung

Hier stützen wir uns zunächst nicht auf die physikalischen und thermodynamischen Gesetze, sondern wir identifizieren die Systemoperation mit Hilfe beobachteter Eingabe- und Ausgabedaten. Wir können also ganz allgemein schreiben

$$q(t) = U\{p(t)\} \tag{8}$$

mit der Eingabefunktion $p(t)$, der Ausgabefunktion $q(t)$ und dem unbekannten Systemoperator U, der die Eingabe in die Ausgabe transformiert [1].

Alternative Darstellungsformen sind [17]

a) ein Satz von Differentialgleichungen, die Ein- und Ausgabe verbinden, deren besondere Form jedoch wegen der Komplexität der Prozesse und Systeme unbekannt ist;

b) eine allgemeine Zustandsraum-Übergangsgleichung, die in Verbindung mit der Eingabe für einen bestimmten Zeitpunkt die zugehörige Ausgabe liefert.

Diese allgemeinen externen Beschreibungen können sich auf deterministische und stochastische Ein- und Ausgaben beziehen. Für stochastische Eingaben ist die Transformationsformulierung in Gleichung (8) in Form von Auto- und Kreuzkorrelationsfunktionen gegeben.

Da immer zu versuchen ist, mit einfachsten Ansätzen auszukommen, konzentriert sich die Analyse zunächst auf lineare, zeitinvariante Block-Systeme, bei denen die Ein- und Ausgaben keine Funktionen der Raumkoordinaten sind. Für diese lautet die Transformationsgleichung (8)

$$q(t) = \int_0^t p(t - \tau) \cdot h(\tau) \cdot d\tau. \tag{9}$$

Die Impulsantwortfunktion $h(t)$ in diesem Faltungsintegral ist aus beobachteten Ein- und Ausgaben abzuleiten. Sie enthält eine vollständige mathematische Beschreibung der Wirkung der komplexen Struktur des Systems. Wird die Impulsantwort aus beobachteten Ein- und Ausgaben identifiziert, dann kann die Ausgabe auch für beliebige Eingaben vorhergesagt werden. In der Praxis z.B. bei der Untersuchung von Niederschlags-Abfluß-Beziehungen von Einzugsgebieten ist die Eingangsfunktion in diskreter Form als Folge von Rechteckimpulsen gleicher Dauer Δt gegeben. Wir benutzen dann die diskrete Form des Faltungsintegrals mit der Δt-Impulsantwort [1]

$$q(t_m) = \sum_{i=1}^{n} p_{m-i+1} \cdot \Delta t \cdot h_i(\Delta t). \tag{10}$$

4.3.2. Identifizierung des Systemoperators

Zu den Grundaufgaben der Hydrologie gehört die Identifizierung des Systemoperators des betrachteten hydrologischen Systems. Anzustreben ist, die Impulsantwort oder ihre Parameter aus den physikalischen Eigenschaften der Einzugsgebiete zu bestimmen, damit sie auch für unbeobachtete Gebiete ermittelt werden kann. Da dies bisher nicht befriedigend möglich ist, muß sie aus den beobachteten Ein- und Ausgangsfunktionen abgeleitet werden. Als Hauptmethodiken können dabei unterschieden werden

- Black-Box-Methoden und
- einfache Modellkonzeptionen.

Bei den Black-Box-Methoden wird die Impulsantwort auf direktem Wege aus den Ein- und Ausgaben bestimmt. Bei den einfachen Modellkonzeptionen wird versucht, die in den natürlichen Systemen ablaufenden Prozesse der Speicherung und Translation durch eine kleine Zahl von Elementen nachzubilden, wobei jedes eine einfache Darstellung einer physikalischen Beziehung ist. Die Systemidentifikation besteht dann darin, die Parameter der gewählten Modellkonzeption zu bestimmen.

Der einfachste Speichertyp ist ein *einzelner Linearspeicher*, dessen Analogon in der Elektrotechnik ein RC-Glied und in der chemischen Verfahrenstechnik ein kontinuierlicher Rührkessel-Reaktor ist. Eine notwendige Ergänzung zum Einzellinearspeicher ist das *lineare Translationsglied*.

Die einfachen konzeptionellen Modelle nehmen eine Zwischenstellung zwischen den hydrodynamischen Modellen und den Black-Box-Modellen ein. Das Prinzip der Masseerhaltung wird a priori in den einzelnen Elementen erfüllt, aber die Struktur der Aneinanderschaltung der einfachen Elemente und deren Parameterwerte werden a posteriori auf der Basis von Eingabe-Ausgabe-Daten für das System bestimmt.

Konzeptionelle Modelle werden in der Hydrologie für alle Teilsysteme eines Einzugsgebietes verwendet. Sie sollen kurz am Beispiel der Abflachungsberechnung von Hochwasser-Wellen im Flußlauf erwähnt werden.

Diese *„hydrologischen" Verfahren* stützen sich auf die Kontinuitätsgleichung in der Form

$$p(t) - q(t) = \frac{\mathrm{d}S}{\mathrm{d}t} \tag{11}$$

und eine eindeutige Beziehung $q(t) = f(S, p(t))$ oder $q(t) = f(S)$, welche die morphologischen Besonderheiten der Flußstrecke durch entsprechende Parameter erfaßt. Die konzeptionellen Verfahren unterscheiden sich nur durch unterschiedliche Annahmen für diese Beziehungen. Beim *Einzellinearspeicher* lautet sie

$$q(t) = \frac{1}{K} \cdot S. \tag{12}$$

Die Speicherkonstante K kann als Schwerpunktlaufzeit der Hochwasserwelle gedeutet werden [1].

Notwendige Verzögerungen zwischen den Scheiteln der Zu- und Ausflußganglinien eines Flußabschnittes können durch eine *Kette von Einzellinearspeichern* erreicht werden. Besitzen alle n Einzellinearspeicher einer n-gliedrigen Speicherkaskade die gleiche Speicherkonstante K, dann lautet die Impulsantwort

$$h(t) = \frac{1}{K(n-1)!} \left(\frac{t}{K}\right)^{n-1} \cdot e^{-t/K}. \tag{13}$$

Beim *Translations-Diffusionskonzept* wird angesetzt

$$q(x, t) = U(x) \cdot A(x, t) - D(x) \frac{\delta y(x, t)}{\delta x} \tag{14}$$

mit der Wellenfortpflanzungsgeschwindigkeit U und dem Wellenabflachungskoeffizienten D. Bei hydrologischem Vorgehen werden die beiden Parameter für Flußabschnitte konstant angesetzt. Sie können aus der Durchflußschleife geschätzt werden. Bei hydraulischem Vorgehen werden die Parameter auf die hydraulischen Charakteristiken des Gerinnes gestützt. Das Modell hat den Vorteil, daß q für Zwischenwerte von x berechnet werden kann [1].

Für den gesamten Einzugsgebietskörper ergibt sich für das hydromechanische Herangehen ein sehr komplexer Satz von Gleichungen, während bei der Black-Box-Methode die lineare Analyse auf Grenzen stößt, die durch den Schwellenwert in der ungesättigten Zone bedingt sind.

Versuche, das hydromechanische und hydrologische Herangehen in geeigneter Form zu verbinden, waren bezüglich der Gebietsantwort bisher nicht erfolgreich [14]. Wir sollten davon ausgehen, daß die Prozesse im jeweiligen Maßstabsbereich mit der adäquaten Theorie zu beschreiben sind (Abb. 11).

Damit steht vor uns die Aufgabe der Entwicklung einer logisch konsistenten hydrologischen Theorie für den Makrobereich mit ihren eigenen Annahmen und Gesetzen.

Seit einigen Jahren wird international in dieser Richtung Grundlagenforschung betrieben. Die Analyse von Starkregenantworten scheint darauf hinzuweisen, daß die Impulsantworten eines Gebietes nicht mehr als drei oder vier Freiheitsgrade haben, im Vergleich zu den vielleicht 100 oder mehr Parametern, die für eine Beschreibung im Mesobereich benötigt werden.

Zur Beschreibung des Direktabflusses müssen wir die Beziehungen zwischen den geomorphologischen und den hydrologischen Charakteristiken der Einzugsgebiete heranziehen. Unter Nutzung der geomorphologischen Beziehungen in Form der sogenannten Horton-Gesetze [1] gelang es, Impulsantworten allein aus Gebietskennwerten abzuleiten, wobei von einem stochastischen Ansatz ausgegangen wurde [18]. Die Impulsantwort wird dann als Verweilzeitverteilung der ausfließenden Wasserteilchen im Einzugsgebiet gedeutet, sie ist abhängig von der Niederschlagsintensität und vom Feuchtezustand des Gebietes. Der Nachweis hierfür wird auch in [19] erbracht. Bedeutsam erscheint das Ausgehen von einem stochastischen Ansatz, denn im Makrobereich der hydrologischen Verfahren müßten stochastische Methoden vorherrschen.

Die meisten Zeitprozesse des Wasserkreislaufes sind fastperiodische stochastische Prozesse. Physikalisch ist die Periodizität begründet durch die astronomischen Zyklen; das stochastische Verhalten ist bedingt durch die verschiedenen Quellen des Zufallsgeschehens innerhalb der Erdsphären. Die Atmosphäre ist die Hauptquelle des stochastischen Verhaltens geophysikalischer Zeitprozesse, die mit der ankommenden Sonnenstrahlung verbunden sind, obgleich die Ozeane, die Erdoberfläche und die Erdkruste ebenfalls stochastisches Verhalten bewirken.

Ein Flußgebiet betrachten wir als ein offenes dynamisches System. Es führt Stoff und Energie über die Gebietsgrenzen ein und aus. Die als Eingabe auftretenden Niederschlagsfelder und der Abfluß im Gewässernetz sowie die Verdunstung als Ausgaben sind stochastische Prozesse. Die Wasserbilanzgleichung

$$P(i, t) - ET(i, t) - R(i, t) = \frac{\mathrm{d}S(i, t)}{\mathrm{d}t} \qquad (15)$$

verbindet somit stochastische Raum-Zeit-Funktionen komplizierter Struktur. Es ist bisher nicht möglich, z.B. die Abflußfunktion aus der Niederschlagseingabe und der Gebietstransformation abzuleiten. Das ist bisher nur entweder für Jahresmittelwerte oder für Einzelereignisse, z.B. Starkniederschlags-Abfluß-Beziehungen unter stark vereinfachten Bedingungen, gelungen [20].

Zwar dienen multivariable statistische Methoden der Datenanalyse zur Festlegung der Struktur der hydrologischen Prozesse aus den verfügbaren Daten, dienen stochastische Prozesse zur Konstruktion von Modellen für die beobachteten Prozesse und statistische Schlußweisen- und Entscheidungsmodelle dienen zur Bestimmung der Güte der Modelle, aber die stochastische Modellierung erfolgt weitgehend empirisch.

Der Übergang von der Beschreibung oder mathematisch-statistischen Anpassung zur kausalen Erklärung ist besonders dringlich bei den stochastischen Methoden der Hydrologie, bei denen es wenig Fortschritte bei der Entwicklung physikalisch begründeter stochastischer Modelle gibt.

Die Simulationstechnik beschränkt sich auf mathematisch konstruierte Reihen, welche die hydrologischen Beobachtungsreihen wiedergeben, um hypothetische Varianten der Beobachtungsreihen zur Verfügung zu stellen, damit die mögliche Variabilität der künftigen Bedingungen bei der Planung und Bemessung wasserwirtschaftlicher Anlagen berücksichtigt werden kann.

Die Beschränkung auf die beschreibende Modellierung bei der Konstruktion solcher künstlicher Reihen wird den künftig zu lösenden Aufgaben unter Berücksichtigung der anthropogenen Eingriffe nicht mehr gerecht.

Es gilt zu erkennen, daß die statistischen und stochastischen Eigenschaften hydrologischer Prozesse bestimmte physikalische Ursachen haben, die erklärbar sind. Das Ziel einer stochastischen Theorie muß die Ableitung der beobachteten statistischen Eigenschaften von den physikalischen Mechanismen der Prozesse sein und nicht nur eine Anpassung mehr oder weniger willkürlich ausgewählter mathematischer Modelle. Es geht um ein tieferes Verständnis der kausalen Mechanismen, welche die hydrologischen Prozesse erzeugen. Leider gibt es hier bisher nur bescheidene Anfänge. Zu diesem Wenigen gehört, daß ein zeitlich diskreter Einzellinearspeicher eine zufällige Eingabe in eine Markovkette 1. Ordnung transformiert, wobei wir den Reihenkorrelationskoeffizienten und die Zufallskomponente des Prozesses mit der Speicherkonstanten des hydrologischen Systems ausdrücken können.

Der diskreten Faltungsoperation entspricht die Gleitmittelformulierung. Die Funktion eines Linearspeichers kann mathematisch neben der rekursiven Form der Autoregression (AR) auch in expliziter Form als Systemantwort-Mechanismus dargestellt werden. Für eine zufällige Eingabe definiert sie dann den Gleitmittelprozeß (MA) [20, 21]. Für die Ausgabe aus einer linearen Kaskade von n Speichern wurde sowohl die autoregressive als auch die Gleitmittelformulierung abgeleitet [20]. Die Äquivalenz beider Formulierungen der Kaskadenausgabe ermöglicht es, diese als $ARMA$-Prozeß auszudrücken, wobei weniger Parameter benötigt werden als bei einem reinen AR- oder MA-Modell.

Bedenken wir, daß es sich bei der linearen Speicherkaskade im allgemeinen nur um ein Element eines komplexen hydrologischen Einzugsgebietsmodells handelt, dann bekommen wir eine Vorstellung von den Problemen, mit denen wir bei der stochastischen Modellierung des Abflußprozesses konfrontiert sind.

Wir haben noch einen langen Weg vor uns, um die formale mathematische Prozeßdarstellung zu überwinden und zu einer sich auf kausal-analytische Informationen stützenden, physikalisch begründeten Beschreibung zu gelangen. Ohne solche Kenntnisse wird es jedoch schwierig sein, z.B. Prognosen für künftige durch anthropogene Einflüsse bedingte Entwicklungen der hydrologischen Prozesse zu erarbeiten. Das ist jedoch eine dringende Aufgabe der Gegenwart!

5. Zusammenfassung

1. Bei der in der DDR erreichten Intensität des Stoffwechsels der Gesellschaft mit der Natur müssen zur Gewährleistung des gesellschaftlichen Reproduktionsprozesses *hohe Anforderungen an die wissenschaftlichen Grundlagen für die rationelle Erfassung, Überwachung und Bewirtschaftung der Wasserressourcen* gestellt werden.

2. Da die hydrologischen und wasserwirtschaftlichen Aufgaben und Probleme voll in die *vielschichtigen Wechselwirkungen von Soziosphäre, Technosphäre und Ökosphäre* integriert sind, müssen zu ihrer Lösung soziale, ökonomische, technologische und ökologische Aspekte immer umfassender berücksichtigt werden.

3. Um die gesellschaftlichen Ansprüche an die Wasserressourcen langfristig mit ausreichender Sicherheit zu befriedigen, sind vertiefte Kenntnisse erforderlich über die *Prozesse des Wasserkreislaufes* und der mit ihm gekoppelten Stoffkreisläufe und Energieflüsse, d.h. über den Wasseraustausch mit der Atmosphäre, den Wasserhaushalt der Flußgebiete, die ober- und unterirdischen Transport- und Speicherprozesse sowie über die Folgen ihrer quantitativen und qualitativen Veränderungen als voneinander abhängige Prozesse.

4. Durch Einwirkungen auf die Wasserressourcen hat der Mensch günstige Bedingungen für die Landwirtschaft, Industrie und die Lebensbedingungen geschaffen. Da der Umfang der *Eingriffe des Menschen in den Wasserkreislauf* ständig zunimmt, sind leistungsfähige Methoden zu ihrer Erfassung und zur Vorhersage ihrer Auswirkungen erforderlich. Alle Maßnahmen und Technologien sind stärker am 2. Hauptsatz der Wärmelehre zu orientieren und haben zu beachten, daß dissipierte Materie nicht mehr zur Wiederverwendung verfügbar ist [23].

5. Die rationelle Planung und Bewirtschaftung der Wasserressourcen setzt die *Erfassung* ihrer raum-zeitlichen Verteilung, ihrer Art, Verfügbarkeit, Beschaffenheit sowie ihre Wertung unter Beachtung gesellschaftlicher, technischer und ökologischer Gesichtspunkte voraus. In die Erfassung der Wasserressourcen sind alle Nutzungseinflüsse einzubeziehen.

6. Voraussetzung für die notwendige weitere Erhöhung der Intensität der Wassernutzung ist eine *kontinuierliche Überwachung* der Wassermengen, der Beschaffenheit und der Nutzung der ober- und unterirdischen Gewässer und ihrer Einzugsgebiete. Zum Überwachungssystem gehören Aktivitäten wie Beobachtung, Analyse, Vorhersage sowie Bewertung von gegenwärtigen und künftigen Systemzuständen und deren Stabilität unter verschiedener Belastung. Die Überwachung der Wasserressourcen muß alle Maßnahmen zu ihrem Schutz vor Erschöpfung und Entwertung durch Eutrophierung und Kontamination einschließen. Es sind einheitliche Meß-, Daten-, -übertragungs-, -verarbeitungs- und -speicherungstechniken einzusetzen.

7. Der *Schutz der Wasserressourcen* vor Entwertung setzt die weitgehende

Einführung geschlossener Stoffkreisläufe in der Industrie und Landwirtschaft bzw. die Rohstoffrückgewinnung voraus. *Die Verunreinigungen terrestrischer und aquatischer Ökosysteme sind als Folge am falschen Ort eingesetzter Rohstoffe zu begreifen.*

8. *Die rationelle Nutzung der Wasserressourcen ist in der DDR nur noch durch ihre kontinuierliche Bewirtschaftung nach Menge und Beschaffenheit möglich.* Zur langfristigen Bewirtschaftung und auch zur kurzfristigen Steuerung der ober- und unterirdischen Wasserressourcen bezüglich Menge und Beschaffenheit wurden mathematische Vorhersage- und Simulationsmodelle entwickelt, welche die Mengenströmungsprozesse und die mit ihnen verbundenen Stoff- und Energietransport-, -austausch- und -umwandlungsprozesse beschreiben. Für wichtige Flußgebiete wurden Langfristbewirtschaftungsmodelle für das Oberflächenwasser auf der Grundlage der Monte-Carlo-Methode geschaffen. Für die Bewirtschaftung der Grundwasserressourcen stehen regionale Grundwasserleitermodelle, anlagenorientierte Grundwasserleitermodelle und Grundwasserleitermodelle für Kontroll- und Steuerungsprogramme für Grundwasserwerke zur Verfügung [24].

9. Die *mathematischen hydrologischen Modelle* können in
a) konzeptionelle (physikalisch begründete, systembeschreibende, genetische) und in
b) empirische (operative, statistische)
Modelle untergliedert werden. Dabei enthält die erste Gruppe jeweils ein Element der kausalen Erklärung, während bei der zweiten kaum versucht wird, die Modellwahl auf der Grundlage der Kenntnisse der physikalischen Prozese zu rechtfertigen. Der Grad der konzeptionellen Darstellung kann sehr unterschiedlich sein; er reicht vom komplizierten hydrodynamischen Niveau für alle Teilsysteme bis zu einem sehr einfachen Niveau mit einem Minimum an kausaler Information. In Anpassung an die jeweilige hydrologische Aufgabe sind Modellreduktionen durchzuführen.

10. Da die *deterministischen* und *stochastischen* Eigenschaften eines gegebenen hydrologischen Prozesses durch seinen physikalischen Hintergrund miteinander verbunden sind, ist die bisherige Praxis aufzugeben, deterministische und stochastische Modelle unabhängig voneinander zu entwickeln.

11. Bei der *Vervollkommnung integrierter hydrologischer Einzugsgebietsmodelle* werden international zwei Wege beschritten:
- Die Übertragung des auf der Kontinuumsmechanik basierenden phänomenologischen Herangehens der hydrodynamischen Ebene auf die hydrologische Maßstabsebene in Form gegliederter systembeschreibender Modelle, die auf Großrechnern abzuarbeiten sind;
- Die Entwicklung einer logisch konsistenten Theorie für die hydrologische Ebene gestützt auf die Beziehungen zwischen geomorphologischen, vegetationskundlichen, pedologischen und hydrogeologischen Charakteristiken

der Einzugsgebiete und den hydrologischen Charakteristiken der Einzugsgebietsantwort.

Beide Wege stellen eine Herausforderung an die hydrologische Forschung dar.

12. Die hydrologische Forschung muß in den nächsten Jahren vor allem Beiträge liefern für die Weiterentwicklung der wissenschaftlichen Grundlagen zur verbesserten kausalen Beschreibung der Prozesse des Wasserkreislaufes unter Berücksichtigung bio-geochemischer Stoffkreisläufe für die Erfassung, Überwachung, den Schutz und die rationelle Bewirtschaftung der Wasserressourcen sowie für den Schutz der Gesellschaft vor Schäden durch das Wasser.

13. Die Voraussage der Auswirkungen anthropogener Einflüsse auf den Wasserkreislauf ist dabei eine der dringlichsten und kompliziertesten Aufgaben der Hydrologie. Der von der Hydrologie in den letzten Jahren beschrittene Weg zur kausalen Erklärung und Beschreibung der hydrologischen Prozesse wird kein einfacher Weg sein, da er zusätzlich durch die massive, ständig anwachsende mengen- und gütemäßige Störung der natürlichen hydrologischen Prozesse erschwert wird. Um diesen Weg erfolgreich beschreiten zu können und die notwendigen wissenschaftlichen Grundlagen und Entscheidungsgrundlagen für die Wasserwirtschaft und andere Zweige der Volkswirtschaft sowie den Umweltschutz rechtzeitig zur Verfügung stellen zu können, braucht die Hydrologie die *Zusammenarbeit mit vielen Wissenschaftsgebieten.* Das ergibt sich allein aus der Komplexität der hydrologischen und wasserwirtschaftlichen Aufgabenstellung.

Literatur

[1] Dyck, S. u.a.: Angewandte Hydrologie. Teil 1: Berechnung und Regelung des Durchflusses der Flüsse, Teil 2: Der Wasserhaushalt der Flußgebiete, 2. Aufl., Verl. f. Bauwesen, Berlin 1980.

[2] Dyck, S.: Zur wachsenden Bedeutung der Hydrometeorologie und Klimatologie, Z. Meteor. **32** (1982) 1, 5–10.

[3] Beck, M. B.: Operational Water Quality Management: Beyond Planning and Design. Executive Report 7, based on research conducted at the International Institute for Applied Systems Analysis (IIASA), Laxenburg 1981.

[4] Busch, K. F. / D. Uhlmann / G. Weise (Hrsg.): Ingenieurökologie, Gustav Fischer Verl., Jena 1983.

[5] Dyck, S. / G. Peschke: Grundlagen der Hydrologie, Verl. f. Bauwesen, Berlin 1983.

[6] Glugla, G. / R. Enderlein: Zur Bestimmung des innerjährlichen Ganges der Grundwasserneubildung, Wasserwirtschaft-Wassertechnik **25** (1975) 12.

[7] L'vovič, M. I.: Vodni resursi budusčevo, Moskva 1969.

[8] Mauersberger, P.: Wasserressourcen und ihre anthropogenen Veränderungen, Sitzungsber. der AdW der DDR. 22 N, Akademie-Verlag Berlin 1977.

[9] TGL 27885/01: Nutzung und Schutz der Gewässer. Stehende Binnengewässer, Klassifizierung, 1982.

[10] Benndorf, J.: A contribution to the phosphorus loading concept, Int. Rev. ges. Hydrobiol. **64** (1979) 2, 117–188.

[11] Laura, D.: Water Resources Assessment – The United States Experience, Intern. Conference on Hydrology and the Scientific Bases for the Rational Management of Water Resources, Unesco, Paris 1981.

[12] Shiklomanov, I. A. / A. A. Sokolov / V. S. Vuglinsky: Water Resources Assessment – The USSR Experience, Intern. Conf. on Hydrology and the Scientific Bases for the Rational Management of Water Resources, Unesco, Paris 1981.

[13] Grünewald, U. / G. Wernecke: Wasser- und Stoffhaushaltsuntersuchungen im Einzugsgebiet einer Trinkwassertalsperre, Wasserwirtschaft-Wassertechnik **32** (1982) H. 12.

[14] Dooge, J. C. I.: Alternative Approaches to Flow Problems, IAHR XVIII Congress, Cagliari 1979, Proc. Vol. 6.

[15] Preißler, G. / G. Bollrich: Technische Hydromechanik/1., Verl. f. Bauwesen, Berlin 1980.

[16] Busch, K. F. / L. Luckner: Geohydraulik, 2. Aufl., Deutscher Verl. f. Grundstoffindustrie, Leipzig 1973.

[17] Dooge, J. C. I.: The Linear Theory of Hydrologic Systems, U.S. Dept. of Agriculture, Techn. Bull., No. 1468. U.S. Govt. Printing Office Washington.

[18] Rodriguez-Iturbe, I. / J. B. Valdes: The Geomorphological Structure of Hydrologic Response, Water Resourc. Research, Vol. 15, No. 6, 1979.

[19] Dyck, S. / G. Peschke: Das komplexe Wechselverhältnis zwischen Abflußbildung und Abflußkonzentration und Alternativen zu seiner Beschreibung, Wiss. Z. Techn. Univers. Dresden **31** (1982) H. 5.

[20] Klemeš, V.: Physically based stochastic hydrologic analysis, Advances in Hydrosciences, Vol. 11., Academic Press, New York, 1978.

[21] Dyck, S.: Vorhersage und Simulation hydrologischer Prozesse, In: Geod. Geoph. Veröff., R. IV. H. **37** (1981).

[22] Becker, A. / S. Dyck: Einsatz anwenderfreundlicher Simulationstechniken zur Intensivierung der Wasserbewirtschaftung in Flußgebieten, Wiss. Z. Techn. Univers. Dresden **32** (1983) H. 1.

[23] Mauersberger, P.: Irreversibilität in der Hydrologie, Sitzungsber. der AdW der DDR, 4 N., Akademie-Verl., Berlin 1982.

[24] Lauterbach, D.: Anforderungen und Lösungswege für eine langfristig orientierte Wasserbewirtschaftung nach Menge und Beschaffenheit, Wiss. Z. Techn. Univers. Dresden **32** (1983) H. 1.

FSC
www.fsc.org
MIX
Papier | Fördert gute Waldnutzung
FSC® C083411

Zeitfracht Medien GmbH
Ferdinand-Jühlke-Straße 7
99095 Erfurt, Deutschland
produktsicherheit@kolibri360.de